BEI GRIN MACHT SICH IHR WISSEN BEZAHLT

- Wir veröffentlichen Ihre Hausarbeit, Bachelor- und Masterarbeit

- Ihr eigenes eBook und Buch - weltweit in allen wichtigen Shops

- Verdienen Sie an jedem Verkauf

Jetzt bei www.GRIN.com hochladen und kostenlos publizieren

Isabel Kapahnke

Die Anatomie des Kauens. Knochen, Gelenke und Muskeln

GRIN Verlag

Bibliografische Information der Deutschen Nationalbibliothek:

Die Deutsche Bibliothek verzeichnet diese Publikation in der Deutschen National-
bibliografie; detaillierte bibliografische Daten sind im Internet über http://dnb.d-
nb.de/ abrufbar.

Dieses Werk sowie alle darin enthaltenen einzelnen Beiträge und Abbildungen
sind urheberrechtlich geschützt. Jede Verwertung, die nicht ausdrücklich vom
Urheberrechtsschutz zugelassen ist, bedarf der vorherigen Zustimmung des Verla-
ges. Das gilt insbesondere für Vervielfältigungen, Bearbeitungen, Übersetzungen,
Mikroverfilmungen, Auswertungen durch Datenbanken und für die Einspeicherung
und Verarbeitung in elektronische Systeme. Alle Rechte, auch die des auszugsweisen
Nachdrucks, der fotomechanischen Wiedergabe (einschließlich Mikrokopie) sowie
der Auswertung durch Datenbanken oder ähnliche Einrichtungen, vorbehalten.

Impressum:

Copyright © 2009 GRIN Verlag GmbH
Druck und Bindung: Books on Demand GmbH, Norderstedt Germany
ISBN: 978-3-656-97783-4

GRIN - Your knowledge has value

Der GRIN Verlag publiziert seit 1998 wissenschaftliche Arbeiten von Studenten, Hochschullehrern und anderen Akademikern als eBook und gedrucktes Buch. Die Verlagswebsite www.grin.com ist die ideale Plattform zur Veröffentlichung von Hausarbeiten, Abschlussarbeiten, wissenschaftlichen Aufsätzen, Dissertationen und Fachbüchern.

Universität Hildesheim – Fachbereich IV:
Mathematik, Naturwissenschaften, Wirtschaft und Informatik

Hausarbeit

Thema

Die Anatomie des Kauapparats

Seminar: Anatomie

Studiengang: Bachelor - GSKS

Ort: Hannover

WS 2008 / 2009

Gliederung

1. Einleitung

Die Anatomie des Menschen ist ein komplexes System welches, durch das Zusammenspielen verschiedener Körpersystem und deren einzelner Elemente, den Menschen am Leben erhält. Das Skelett bietet dem Menschen eine äußerste Stabilität, das Herz – Kreislaufsystem lässt das Blut im Körper zirkulieren. Der Stoffwechsel *(Metabolismus)* gibt dem Menschen die Möglichkeit, sich durch Nahrung genügend Energie zu beschaffen und dient dem Aufbau sowie der Erhaltung der Körpersubstanz damit die Körperfunktionen aufrechterhalten werden können und der Mensch lebensfähig bleibt (FALLER 2004: 418). Dabei spielt die Nahrungsaufnahme und die damit verbundene Verdauung eine entscheidende Rolle. Die Nahrungsaufnahme erfolgt gewöhnlicher Weise über den Mund, wo auch gleichzeitig die Verdauung der Nahrung beginnt. So spielen aber beim Kauen der Nahrung nicht nur die Zähne eine wichtige Rolle. Die Anatomie des Kauens ist genauso vielfältig und komplex aufgebaut, wie die die Anatomie des Menschen insgesamt.

Im Schwerpunkt dieser Hausarbeit steht allerdings weniger die Verdauung von Nahrung oder anderer Systeme im Vordergrund sondern mehr der Kauvorgang und welche Muskeln, Gelenke und Knochen an diesem Vorgang beteiligt sind. Zunächst wird einführend ein kurzer Überblick des gesamten Verdauungsvorgangs gegeben. Darauf folgend wird sowohl der aktive als auch der passive Bewegungsapparat mit den Bereichen der Osteologie, der Arthrologie und der Myologie näher dargestellt, wobei sich der Schwerpunkt grundsätzlich auf die Anatomie des Kauens beschränkt. Abschließend dieser Hausarbeit wird eine Zusammenfassung aller wichtigen Aspekte gegeben.
Vor allem zwei Bücher dienen dieser Hausarbeit als Grundlage und bieten somit die Literatur zu dem Thema. Da wäre zum einen das Buch „Funktionelle Anatomie des Menschen" von den Autoren Johannes W. Rohen und Elke Lütjen – Drecoll. Zum anderen findet das Buch „Anatomie des Menschen. Bewegungsapparat, Band I" von den Autoren Anton Rauber und Friedrich Kopsch Verwendung. Aber auch der „Sobotta. Atlas der Anatomie des Menschen. 1. Band. Kopf, Hals, Obere Extremitäten" von den Herausgebern Helmut Ferner und Jochen Staubesand wird in dieser Hausarbeit, vorwiegend für die Abbildungen, herangezogen. Des Weiteren, aber nicht im Schwerpunkt, ist von dem Autor Adolf Faller das Buch „Der Körper des Menschen" und von Johann Schwegler „Der Mensch. Anatomie und Physiologie" in dieser Hausarbeit als unterstützende Literatur verwendet wurden.

2. Apparatus digestorius - Ein kurzer Überblick

Der Verdauungstrakt oder auch Verdauungsapparat *(Apparatus digestorius)* benennt alle Organe und deren Systeme, die für die Aufnahme, Verkleinerung, Weitertransport oder Ausscheidung der Nahrung verantwortlich sind. Dies ist besonders wichtig, um die Lebensfunktion des Menschen aufrecht zu erhalten. Die Aufnahme von Proteinen, Kohlenhydraten, Fetten, Vitaminen und weiteren Nahrungsstoffen bietet dem Körper die Möglichkeit, jene Stoffe wieder abzubauen *(Katabolismus)* und so lebenswichtige Nährstoffe zu gewinnen (ROHEN / LUTJEN – DRECOLL, 2006: 94). So findet man unterschiedliche Enzyme in den verschiedenen Regionen des Apparatus digestorius, welche dann die durch die Nahrung aufgenommen Nährstoffe umwandeln beziehungsweise zerlegen. Dabei liefern die unterschiedlichen Nährstoffe wichtige, umgewandelte, und somit für den Körper verwendbare, Nahrungsstoffe. Als Beispiel wären da bei den Kohlenhydraten die Monosaccharide zu nennen, die dem Menschen die Glukose zur Verfügung stellen. Die Disaccharide liefern dem Menschen Lactase. Fette sind wichtige Energielieferanten und dienen auch als Reservoir (FALLER 2004: 423ff.). Der Apparatus digestorius hat also die Aufgabe *„die aufgenommen Nahrungsstoffe in resorbierbare Spaltprodukte"* (ROHEN / LUTJEN – DRECOLL, 2006: 94) zu verwandeln. Dieser Vorgang dient dazu, um für den Körper Energie herzustellen, welches zum Leben benötigt wird. Allerdings werden einige Stoffe nicht abgebaut, da sie nicht für die Energiegewinnung zuständig sind, sondern werden vom Körper wieder aufgebaut *(Anabolismus)*. So werden die Spaltprodukte zu körpereigenen Stoffen. Nicht verbrauchbare Nahrung, die auch nach der Umwandlung keine Verwendung für den Körper darstellt, wird am Ende wieder ausgeschieden (ROHEN / LUTJEN – DRECOLL, 2006: 94). Der Apparatus digestorius kann funktionell in einen Kopfdarm und in einen Rumpfdarm unterschieden werden. Dabei ist es möglich den Rumpfdarm wiederum in den Vorderdarm, Mitteldarm, auch Dünndarm genannt, *(Interstitium tenue)* und Enddarm, Synonym für Dickdarm *(Intestinum crassum)*, zu gliedern (ROHEN / LUTJEN – DRECOLL, 2006: 96).

		Morphologische Abschnitte	Lokalisation	Funktion
A	Kopfdarm	Mundhöhle Schlund	Kopf	Nahrungsaufnahme Kauen, Schlucken
B	Vorderdarm	Speiseröhre	Brusthöhle	Weiterleitung
		Magen		Sammlung, Einleitung der ferment. Verdauung, Abwehr
	Mitteldarm (Dünndarm)	Duodenum Jejunum Ileum	Bauchhöhle	Resorption, Sekretion
C	Enddarm (Dickdarm)	Caecum Colon ascendens Colon transversum Colon descendens Colon sigmoideum		Rückresorption, Eindickung
		Rectum	Becken	Ausscheidung

Abbildung 1: *Allgemeine Gliederung des Apparatus digestorius.*
(aus ROHEN / LUTJEN – DRECOLL 2006: 96)

3. Osteologie - Die Schädelknochen beim Menschen

Die Osteologie beschäftigt sich mit der Lehre von Knochen. Die Knochen des Menschen, also das Skelett, geben ihm in erster Linie Stabilität und Form. Im Bereich des Kopfes *(Caput)* dient der Schädel *(Cranium)* als knöchernen Schutz für das Gehirn und die Sinnesorgane. Außerdem gibt der Schädel dem Menschen die Form seines Kopfes und ist der Ort, wo die Atmung und die Verdauung beginnen. Der Schädel kann in zwei Bereiche unterteilt werden: Zum einen gibt es den Hirnschädel *(Neurocranium)* und zum anderen den Gesichtsschädel *(Viszerocranium)* (FALLER, 2004: 202). Sowohl der Hirn- als auch der Gesichtsschädel bestehen aus einzelnen Knochen. Fast alle Knochen sind fest, durch Knochennähte *(Suturen)* und Knorpelhaften *(Synchondrosen)* oder durch Knochen *(Synostosen)*, miteinander verbunden. Eine Ausnahme stellen dabei der Unterkiefer *(Mandibula[1])*, das Zungenbein *(Os hyoideum)* und die Gehörknöchelchen *(Ossicula auditus)* dar, welche durch Gelenke, Bändern oder Muskeln befestigt sind. (FALLER, 2004: 203).   Der Hirnschädel besteht aus dem Stirnbein *(Os frontale)*, aus dem Scheitelbeinen *(Ossa parietalia)*, zu Teilen aus dem Schläfenbein *(Ossa temporalia)*, dem Keilbein *(Os sphenoidale)*, sowie dem obersten Bereich des Hinterhauptbeins *(Os occipitale)* (FALLER, 2004: 203). Dem Gesichtsschädel gehören sehr viele Knochen an, wie der Oberkiefer *(Maxilla)*, das Jochbein *(Os zyggomaticum)*, das Nasenbein *(Os nasale)*,

---

[1] Das Kiefergelenk *(Mandibula)* wird in Punkt 3.1.2. näher erläutert.

5

das Tränenbein *(Os lacrimale)*, dem Gaumenbein *(Os palatinum)* und dem Unterkiefer *(Mandibula)* (FALLER, 2004: 205).

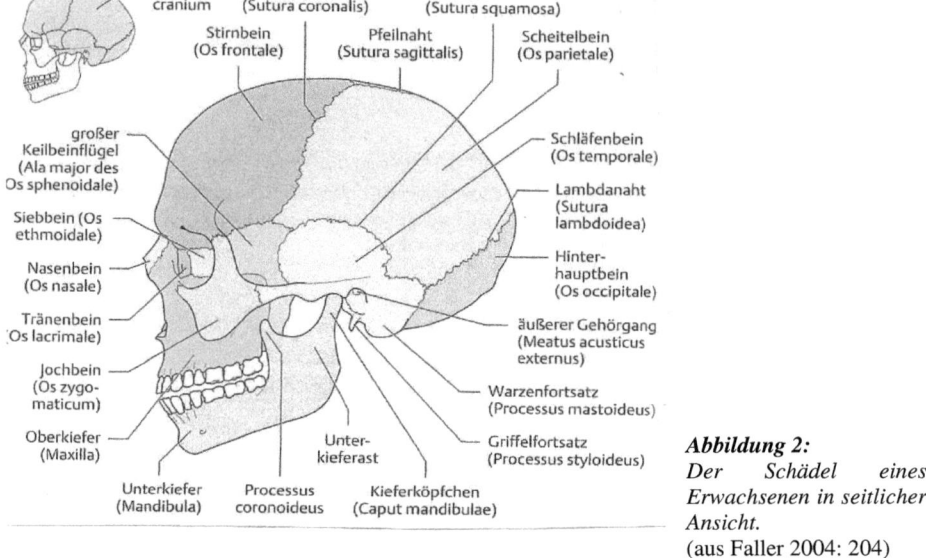

Abbildung 2:
Der Schädel eines Erwachsenen in seitlicher Ansicht.
(aus Faller 2004: 204)

3.1. Die Knochen des Kauapparats

Wie in Abbildung 2 auf Seite sechs zu sehen ist, sind im Bereich des Mundes viele unterschiedliche Knochen zu erkennen. Jene sollen nun im folgendem dargestellt werden. Begonnen wird mit dem Schädel ohne den Unterkiefer *(Calvarium)* da der Unterkiefer eine Besonderheit bei den Säugetieren darstellt. Dabei wird vor allem auf dem Oberkiefer *(Maxilla)* näher eingegangen und erläutert, welche Funktion jener hat und wo er sich anatomisch befindet. Darauf folgend wird der Unterkiefer *(Mandibula)* betrachtet. Zum Schluss, wenn auch nicht direkt zu den Knochen gehörend, werden die Zähne *(Dens)*, deren Aufbau und Funktion, dargestellt.

3.1.1. Maxilla

Der Oberkiefer *(Maxilla)* ist ein fester Bestandteil des Gesichtsschädels *(Calvarium)*. Der Oberkieferknochen ist der zweit größte Knochen, welcher sich im Gesicht befindet. Dabei werden die linke und die rechte Maxilla unterscheiden. Beide zusammen formen den

Oberkiefer des Menschen. Die Maxilla lässt sich anatomisch weiter in einen Körper *(Corpus maxillae)* und in seine Knochenfortsätze unterteilen. Die Knochenfortsätze werden als *Processus zygomaticus*, *Processus frontalis*, *Processus alveolaris* und als *Processus palatinus* bezeichnet. (ROHEN / LUTJEN – DRECOLL, 2006: 99) Am Processus alveolaris, welcher im Oberkiefer eine elliptische Form aufweist, sind die Zähne verankert. Mit Processus palatinus verfügt der Oberkiefer über einen harten Gaumen und bildet so das *„Widerlager"* (ROHEN / LUTJEN – DRECOLL, 2006: 100) beim Kauen (ROHEN / LUTJEN – DRECOLL, 2006: 99f). Das Jochbein *(Os zygomaticum)*, ebenfalls ein Knochen des Gesichts, grenzt an den Oberkiefer an. Jener bildet eine seitliche Wand der Nase und ist die Unterfläche und auch Innenfläche der Augenhöhle. Außerdem trennt die Maxilla den Mund- und Nasenraum voneinander (SCHWEGLER, 2006: 152).

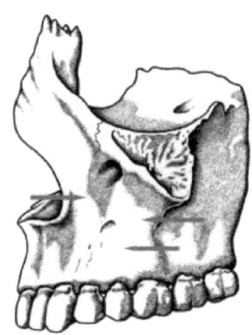

Abbildung 3: Der Oberkiefer.
Die Pfeile zeigen, wo sich die Corpus maxillae befindet.

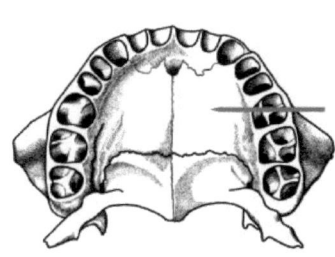

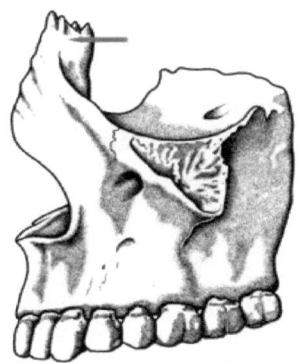

Abbildung 4: Der Oberkiefer.
von unten.
Der Pfeil zeigt, wo sich der Processus frontalis befindet.

Abbildung 5: Der Oberkiefer
Dargestellt ist der processus palatinus.

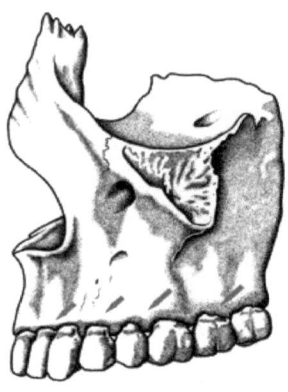 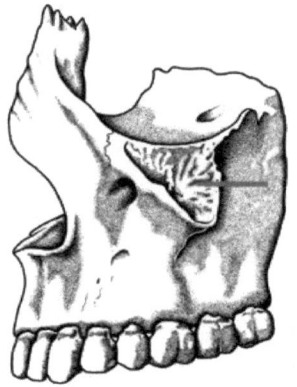

Abbildung 6: Der Oberkiefer.
Die Pfeile deuten die Lokalität
des Processus alveolaris an.

Abbildung 7: Der Oberkiefer.
Der Pfeil zeigt, wo sich der Os
zygomaticus befindet.

(alle Abbildungen von: http://www.uni-mainz.de/FB/Medizin/Anatomie/makro1/m002l.htm

3.1.2. Mandibula

Der Unterkieferknochen (Mandibula) ist der größte Knochen des Gesichtsschädels. Außerdem ist er der einzige Knochen, der im Schädel beweglich ist. Er ist am Schädel lediglich auf zwei Punkten im Kiefergelenk[2] abgestützt und mit der Schädelbasis verbunden. Diese Eigenschaften machen ihn sehr besonders. Die Mandibula besteht aus einem Körper *(Corpus mandibulae)*, der eine U – förmige Gestalt aufweist. Die Form des *Corpus mandibulae* ist hufeisenförmig. Dieser ist zunächst paarig angelegt, verschmilzt aber im spätern Lebensalter zu einem Skelettanteil. Begrenzt wird dieser im oberen Bereich durch den *Processus alveolaris*, einem Alveolarfortsatz. Außerdem sind noch der *Processus condylaris* und der *Processus coronoideus* als Fortsatz vorhanden. Der Processus condylaris besteht aus dem Unterkieferhals *(Collum mandibulae)* und dem Gelenkköpfchen *(Caput mandibulae)*. Der Processus coronoideus ist ein dreieckiger, relativ dünner und abgeplatteter Knochenvorsprung (SCHWEGLER, 2006: 152).

---

[2] Das Kiefergelenk *(Articulatio temporo-mandibularis)* wird in Punkt 4. und 4.1. näher betrachtet.

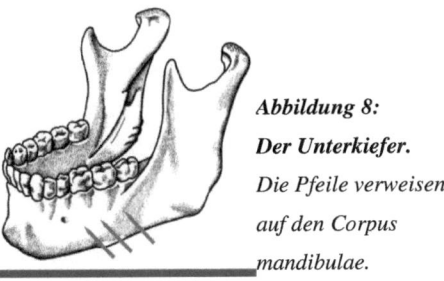

Abbildung 8:
Der Unterkiefer.
Die Pfeile verweisen
auf den Corpus
mandibulae.

Links und rechts an den Kieferwinkeln *(Anguli mandibulae)* befinden sich aufsteigende Kieferäste *(Rami mandibulae)* welche an ihrer oberen Spitze den Kopf des Kiefergelenks *(Caput mandibulae)* tragen.

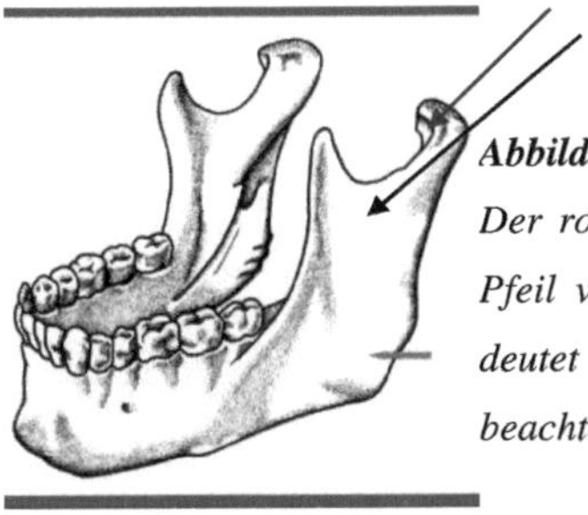

Abbildung 9: Der Unterkiefer.
Der rote Pfeil zeigt den Augulus mandibulae. Der schwarze Pfeil verweist auf den Ramus mandibulae. Der blaue Pfeil deutet darauf hin, wo sich Caput mandibulae befindet. Zu beachten ist, dass diese beidseitig auftreten.

3.1.3. Dentes

Die Zähne (Dentes) des Menschen sind einer der härtesten Gebilde (ROHEN / LUTJEN – DRECOLL, 2006: 109). Sie sind knochenähnliche Gebilde, welche allerdings aus anderen, härteren Bestandteil bestehen als die Knochen selbst. Der Zahn wird in drei anatomische Bereiche gegliedert: Die Zahnkrone (Corona dentis), der Zahnhals (Cervix dentis) und die Zahnwurzel (Radix dentis) (FALLER, 2004: 436). Jeder Zahn besteht aus drei knochenähnlichen harten Substanzen: das Zahnbein, auch als Dentin bezeichnet, der Zahnschmelz in Griechisch als *Enamelum* benannt und das Zement *(Cementum)* (FALLER, 2004: 437). Hauptbestandteil von Zähnen ist das Dentin *(Subsantia eburnea)*. Es umschließt die Zahnkrone und auch die Pulpa. Im Bereich der Krone wird das Dentin von Schmelz *(Enamelum oder Substantia adamantina)* umlagert. Dieser ist eine Hartsubstanz, welcher aus einer fast reinen Mineralschicht besteht. Der Zahnschmelz dient dem Schutz der Zähne und soll diese vor Abrieb und anderen äußeren Einflüssen bewahren. Aufgrund der Bestandteile ist das Dentin weicher als der Schmelz. Der Zahnschmelz ist nicht, im Vergleich zum Dentin, in der Lage sich zu regenerieren. Ernährt wird das Dentin durch die Pulpa, die sich anatomisch gesehen im Innenraum der Zähne befindet. Die Pulpa besitzt Zellen, Blutgefäße und Nervenfasern und macht so den Zahn „lebendig". Der Wurzel- und Halsbereich des Zahnes wird von dem so genannten Zement überzogen. Diese lagert auf dem Dentin auf (ROHEN / LUTJEN – DRECOLL, 2006: 109f.). Alle Zähne sind mit Hilfe eines *„spezifischen Halteapparat"* (ROHEN / LUTJEN – DRECOLL, 2006: 110) im Kiefer befestigt, welches durch die vorhandenen, knöchernen Alveolen möglich wird. Der Halteapparat setzt sich aus vier unterschiedlichen Gewebetypen *(Parodontium)* zusammen. Diese Gewebetypen sind die Wurzelhaut *(Periodontium)*, der Alveolarknochen, welcher direkt angrenzt, sowie das Zement und das Zahnfleisch *(Gingiva)* (ROHEN / LUTJEN – DRECOLL, 2006: 110).   .

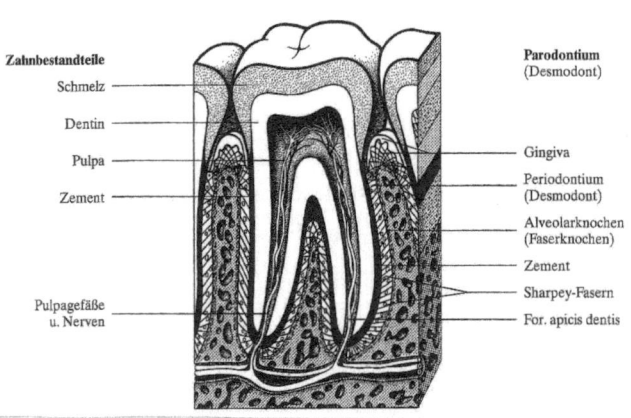

Abbildung 10: *Aufbau des Zahnes und Struktur des Zahnhalteapparates.* (aus ROHEN / LUTJEN – DRECOLL 2006: 110)

Bei einem ausgewachsen Menschen, der bereits sein Milchgebiss mit dem dauerhaften Gebiss ersetzt hat, unterscheidet man die Schneidezähne (*Dentes incisivi*), Eckzähne (*Dentes canini*), Backenzähne (*Dentes praemolares*) und die Mahlzähne (*Dentes molares*). Dabei bilden die Incisivi und die Cranini die Frontzähne, die Praemolaren und die Molaren die Backenzähne. Trotz des unterschiedlichen Aussehens der Zähne sind sie alle anatomisch gleich aufgebaut. Der einzige Unterschied ist, dass bei den Praemolaren und bei den Molaren häufig mehr als eine Wurzel vorhanden sind (ROHEN / LUTJEN – DRECOLL, 2006: 107f.). In der Regel hat der Mensch 32 Zähne im permanenten Gebiss. Insgesamt gibt es acht Scheidezähne, vier Eckzähne, acht Backenzähne und zwölf Mahlzähne. Alle Zähne sind mit Hilfe ihrer Wurzeln in den Processus alveolaris verankert. Zahnlücken sind nicht die Regel. Die Zahnreihen des Ober- und des Unterkiefers sind gegeneinander versetzt, damit der Zusammenbiss möglich wird (FALLER, 2004: 438).

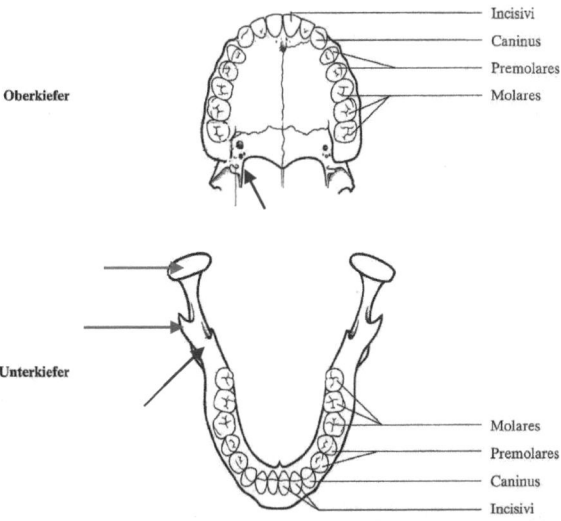

Abbildung 11: *Anordnung der Zähne des bleibenden Gebisses innerhalb der Zahnbögen.*
Der lila Pfeil zeigt den Proc. pterygoideus, der rote Pfeil die Caput mandibulae, der grüne Pfeil den Proc. coronoideus und der blaue Pfeil den For. mandibulae.
(aus ROHEN / LUTJEN – DRECOLL 2006: 109, leicht verändert)

4.   Arthrologie - Das Gelenk im Kauapparat

Im Gesichtsschädel des Menschen gibt es an echten Gelenken[3] nur das Kiefergelenk *(Articulatio temporomandibularis)* und das Gelenk zwischen den Gehörknöchelchen *(Articulatio incudomallearis)* (RAUBER / KOPSCH, 2003: 730). Beim Kauakt spielt allerdings nur das Kiefergelenk eine wesentliche Rolle. Deshalb wird im Folgenden auch nur jenes genauer behandelt.

Deutlich zu unterscheiden sind bei den Wirbeltieren das primäre und das sekundäre Kiefergelenk. Bei allen Wirbeltieren, mit Ausnahme der Säugetiere, kommt ein primäres Kiefergelenk vor. Das ist eine Verbindung zwischen dem Os articulare und dem Os quadratum (RAUBER / KOPSCH, 2003: 730). Bei den Säugern bilden sich diese Elemente vollständig um. Aus diesem komplizierten Umwandlungsvorgang bilden sich Gehörknöchelchen und formen zwischen Hammer und Amboß das Gelenk. Demnach sind andere gelenkbildende Knochen für die Bildung des sekundären Kiefergelenks beim Menschen und allen anderen Säugetieren zuständig. Zum einen ist dies die Unterkiefergrube *(Fossa mandibularis)* des Schläfenbeins *(Os temporale)* und zum anderen das Gelenkköpfchen des Unterkiefers *(Caput mandibulae)*. Zusammen mit dem dazwischen liegendem Discus articularis bilden sie das sekundäre Kiefergelenk. Der Unterkiefer *(Mandibula)* ist somit beweglich am Os temporale befestigt und kann mit Hilfe der Kaumuskulatur bewegt werden. Der Oberkiefer *(Maxilla)* hingegen ist nicht beweglich (RAUBER / KOPSCH, 2003: 730).

4.1.   Aufbau und Funktion des Kiefergelenks

Das Kiefergelenk dient dem Menschen nicht nur beim Kauen und Schlucken von Nahrung sondern auch beim Sprechen, Singen und bei der Mimik. Dabei artikulieren die Mandibula und das Os temporale miteinander (RAUBER / KOPSCH, 2003: 731). Am Os temporale befinden sich Gelenkflächen, die den vorderen Teil der Fossa mandibularis und des Tuberculum articulare bilden. Die Gelenkflächen befinden sich am Ende des Knochens und sind mit einem Knorpelgewebe überzogen (RAUBER / KOPSCH, 2003: 731). Eine weitere artikulierende Fläche ist die Caput mandibula. Sie ist Bestandteil der Mandibula. Anatomisch gesehen besitzt sie eine Gelenkoberfläche, die eine Längs- und Querrichtung

---

[3] Echte Gelenke *(Diathrosen)* sind Gelenke, welche einen Gelenkspalt aufweisen. Bei einem unechten Gelenk gibt es diesen Spalt nicht.

aufweist. Lateral des Gelenkköpfchens befindet sich ein Tuberkel, welches dem Ligamentum temporomandibulare als Ansatz dient. Eine Gelenkscheibe *(Discus articularis)*, die aus Faserknorpel und Bindegewebe besteht, befindet sich zwischen den Gelenkflächen am Os temporale und dem Gelenkkopf der Mandibula (RAUBER / KOPSCH, 2003: 732). Diese unterteilt das Kiefergelenk in zwei voneinander getrennte Gelenkhöhlen. Die Gelenkhöhle wird in eine größere und in eine kleinere Kammer untereilt (RAUBER / KOPSCH, 2003: 736).

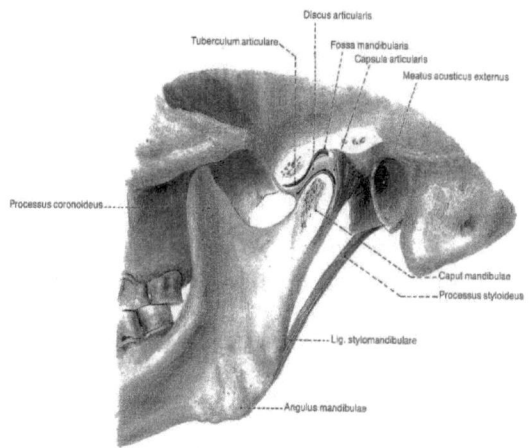

Abbildung 12: Sagittalschnitt durch ein linkes Kiefergelenk.
(aus RAUBER / KOPSCH, 2003: 733)

Anatomisch gesehen, sind das rechte und das linke Kiefergelenk voneinander getrennt. Dennoch gehören sie zusammen. Es ist im Normalfall nicht möglich, dass sie sich unabhängig voneinander zu bewegen. Findet eine Bewegung statt, so werden gleichzeitig beide Kiefergelenke dafür benötigt (RAUBER / KOPSCH, 2003: 736). Somit bilden sie eine *„funktionelle Einheit"* (RAUBER / KOPSCH, 2003: 736). Das Kiefergelenk des Menschen führt drei Hauptbewegungen aus (ROHEN / LUTJEN – DRECOLL, 2006: 101). Die erste Bewegung ist die Scharnierbewegung. Diese tritt auf, wenn der Mund geöffnet wird. Ist dies der Fall, bewegen sich die Gelenkköpfe nach vorn. Wird der Mund wieder geschlossen, bewegen sich die Gelenkköpfe wieder mit und gehen an ihren Ausgangspunkt zurück. Bei der Schlittenbewegung geht es um das Vor- und Zurückschieben des Unterkiefers. Dabei kann der Mund geöffnet aber auch geschlossen sein. Tritt die Schlittenbewegung ein, verlagert sich die Transversalebene in die Richtung des

13

aufsteigenden Kierferastes. Dabei bewegt sich der Unterkiefer *(Mandibula)* nach vorn, in Richtung des Tuberculum articulare. Es besteht die Möglichkeit, die Scharnier- und Schlittenbewegung zu kombinieren. Somit kann der Umfang der Öffnungsbewegung deutlich vergrößert werden. Die letzte Bewegung ist die Mahlbewegung *(Rotation)*. Führt der Mensch diese Bewegung aus, verschiebt sich ein Gelenkkopf ventral, während sich der andere Gelenkkopf um seine eigene Achse dreht. Die Gleit- und Drehbewegung findet dabei abwechselnd statt (ROHEN / LUTJEN – DRECOLL, 2006: 101).

Bei diesen Vorgängen entsteht eine Reibung der Gelenkflächen, die es gilt zu mindern. Deshalb sind die Gelenkflächen mit Gelenkknorpel überzogen. Die Gelenkknorpel sind besonders Reibungswiderständig und mindern dadurch die Abnutzung der Gelenkflächen. Außerdem ist zwischen dem Gelenkkopf und den Gelenkflächen eine Gelenkscheibe *(Diskus)* zu finden. Diese fungiert als eine Art Polster und mindert ebenfalls die Reibung der Gelenke. Der Diskus unterteilt das Kiefergelenk in zwei Teile. Der obere Teil ist für die Gleitbewegung zuständig. Dieser Bereich wird durch die obere Seite des Diskus und durch die Gelenkfläche des Gelenkhöckerchens gebildet. Der untere Teil hingegen ist für die Drehbewegung zuständig (RAUBER / KOPSCH, 2003: 736 ff.).

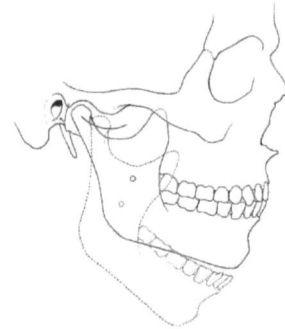

Abbildung 13: Bewegung des Unterkiefers bei der Mundöffnung. Das Caput mandibulae verlagert sich aus der Fossa mandibularis an den Abhang des Tuberculum articulare. (aus RAUBER / KOPSCH, 2003: 736)

5.   Myologie - Die Kaumuskulatur

Eine sehr wichtige Rolle beim Kauen nehmen die Kaumuskeln ein. Ohne sie wäre der Kauvorgang gar nicht erst möglich. Die Kaumuskeln sind im Gesichtsbereich verteilt und übernehmen unterschiedliche Aufgaben. Die wesentlichsten Kaumuskeln sind der Musculus masseter, Musculus temporalis sowie der Musculus pterygoideus medialis und lateralis. Sie stammen alle vom ersten Kiemenbogen ab und innerviert werden sie durch den Nervus trigeminus (RAUBER / KOPSCH, 2003: 738).

Im Folgenden werden die einzelnen, wesentlichen Kaumuskeln vorgestellt und die wichtigsten Einzelheiten erläutert.

5.1.   Musculus masseter

Der Musculus masseter ist ein rechteckiger Muskel, welcher im hinterem Bereich der Mandibula zu finden ist. Bedeckt wird dieser von der Fascia masseterica. Somit erhalten die Wangen ihre äußere Form. Der Musculus masseter besteht aus zwei Teilen. Der oberflächliche Anteil *(Pars superficialis)* hat seinen Ursprung in der Facies lateralis und am Processus temporalis welche zum Jochbein *(Os zygomaticum)* gehörig sind. Der zweite Teil des Musculus masseter ist der tiefe Anteil *(Pars profunda)*. Dieser wird größtenteils von der Pars superficalis verdeckt (RAUBER / KOPSCH, 2003: 738). Beide Anteile des Musculus masseter sind im Normalfall im vorderen Bereich miteinander verwachsen, im Gegensatz zu dem hinteren Bereich, welcher beide Anteile voneinander durch einen *„nischenförmigen Spalt"* (RAUBER / KOPSCH, 2003: 739) trennt. Die Funktion des Musculus masseter besteht überwiegend darin, den Kiefer schließen zu können. Er ist demnach ein Adduktor des Unterkiefers. Der Muskel steigert beim Kauen den Druck der Zähne, so ist der Mensch erst in der Lage die Nahrung richtig zu zerkauen (RAUBER / KOPSCH, 2003: 740). Zusammen mit dem Musculus pterygoideus medialis, welcher ebenfalls zu den wesentlichsten Kaumuskeln gehört, bilden sie eine *„Muskelschlinge"* (RAUBER / KOPSCH, 2003: 740). Bei einer Adduktion des Unterkiefers arbeiten beide Muskeln synchron und bilden somit ca. 55% der gebrauchten Muskelkraft. Ursprung des Musculus masseter ist Arcus zygomaticus, den Ansatz bietet Tuberositas masseterica.

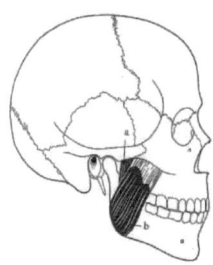

Abbildung 14: Musculus masseter mit seinen zwei Muskelportionen. a = tiefe Portion (Pars profunda); b = oberflächliche Portion (Pars superficalis)
(aus ROHEN / LUTJEN – DRECOLL, 2006: 103)

5.2. Musculus temporalis

Der Musculus temporalis liegt in der Schläfenregion beim Menschen. Dieser übertrifft alle anderen Kaumuskeln in der Größe und in der Kraft. Er liegt in der Fossa temporalis und wird von der Fascia temporalis überdeckt (RAUBER / KOPSCH, 2003: 740). Der Ansatz des Musculus temporalis ist der Processus coronoideus mandibulae. Dieser Ansatz wird vom Musculus masseter und vom Jochbogen abgedeckt. Der processus zygomaticus und die rückliegende Fläche des Jochbeins bilden zusammen mit dem vorderen Rand des Musculus temporalis eine knöcherne Rinne. Darin befindet sich ein Fettkörper. Dieser übernimmt die Funktion eines *„Gleitlagers"* (RAUBER / KOPSCH, 2003: 741). Der Musculus temporalis kann beidseitig aktiv sein. Ist dies der Fall, fungiert er als der kräftigste Adduktur des Kiefergelenks (RAUBER / KOPSCH, 2003: 741). Bei einem weit geöffneten Mund kommt die Kraft des Musculus temporalis ganz besonders zur Geltung da der Muskel in dieser Stellung besonders gedehnt wird und die meisten Fasern *„vertikal zur Kauebene des Oberkiefers"* (RAUBER / KOPSCH, 2003: 741) verlaufen. Die Funktion des Musculus temporalis ist der Kieferschluss sowie das Zurückziehen des Unterkiefers. Die letztere Funktion beinhaltet die Mahlbewegung beim Kauen.

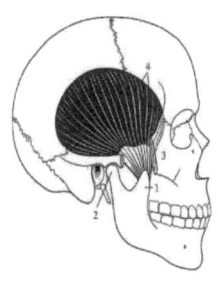

Abbildung 15: *Musculus temporalis. Der Jochbeinbogen (Arcus zygomaticus) wurde aufgemeißelt. 1 = Proc. coronoideus, 2 = Proc. condylaris, 3 = Os zygomaticum, 4 = Linea temporakis inf.*
(aus ROHEN / LUTJEN – DRECOLL 2006: 103)

5.3. Musculus pterygoideus med. und lat.

An der Innenseite der Mandibula ist der Musculus pterygoideus medialis zu finden. Dieser wird von der Fascia masseterica überdeckt. Er entspringt in der Fossa pterygoidea. Der Ansatz befindet sich an der Tuberositas pterygoidea. Der Musculus pterygoideus med. besteht aus insgesamt *„zwei Ursprungsköpfen"* (RAUBER / KOPSCH, 2003: 742), welche sich in der Größe unterscheiden. Der Größere von den beiden Köpfen, an der Fossa ptergidea liegend, ist der mediale Kopf. Der etwas kleine Kopf befindet sich lateral und liegt außen an der Lamina lateralis (RAUBER / KOPSCH, 2003: 742). Zwischen ihnen beiden befindet sich der kaudale Teil des Musculus pterygoideus lateral. Wie schon beim Musculus masseter erwähnt, verbindet eine *„Muskelschlinge"* den Musculus pterygoideus med. und den Musculus masseter miteinander. Sie bilden eine *„Funktionsgemeinschaft"* (RAUBER / KOPSCH, 2003: 743), welche aber nur bei einer doppelseitigen Innervation zustande kommt. Musculus pterygoideus med. ist für die Mahlbewegung zuständig und wirkt unterstützend bei der Verlagerung des Gelenkkopfes und bei der Drehung der Mandibula (RAUBER / KOPSCH, 2003: 743).

Der Musculus pterygoideus lat. liegt in der Fossa infratemporalis und wird nicht nur vom Jochbogen sondern noch von zwei Muskeln, Musculi masseter und temporalis, bedeckt. Musculus pterygoideus lat. besteht ebenfalls aus zwei Anteilen. Diese Anteile sind an ihrer Größe und an ihrer Lokalisation zu unterscheiden. Zum einen gibt es den kleineren, oberen Anteil *(Caput superius)* und den größeren, unteren Anteil *(Caput inferius)* (RAUBER / KOPSCH, 2003: 743). Die Besonderheit des Caput superius liegt darin, dass dieser eine *„Muskelplatte"* (RAUBER / KOPSCH, 2003: 743) bildet, die horizontal verläuft. An der

17

Außenfläche der Lamina lateralis entspringt das Caput inferius. Zwischen Musculi pterygoideus med. und lat. befindet sich Bindegewebe. Der Unterrand des Musculus pterygoideus lat., der Oberrand des Musculus pterygoideus med. und der Processus condylaris mandibulare bilden eine dreieckige Lücke. Diese bietet den Durchgang für Nn. Alveolaris inferior und lingualis (RAUBER / KOPSCH, 2003: 743). Die Funktion des Musculus pterygoideus lat. besteht in der Kieferöffnung und dient auch zum Vorschieben des Unterkiefers. Dabei ist zu beachten, dass die beiden Anteile des Musculus pterygoideus lat. an unterschiedlichen Kaubewegungen beteiligt sind. So ist der Caput inferius für die Öffnungsbewegung des Mundes verantwortlich und der Caput superius unterstützt die Mandibula bei der Adduktion (RAUBER / KOPSCH, 2003: 744).

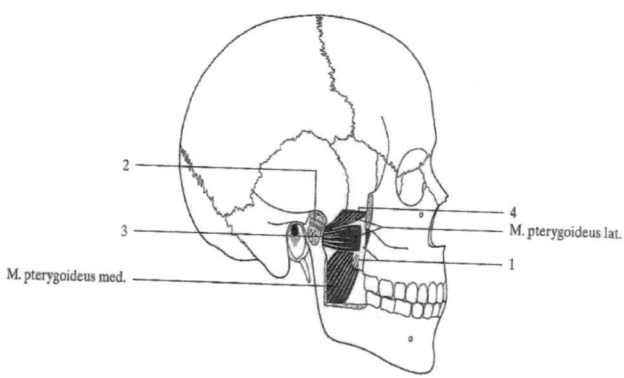

Abbildung 16: Mm. Pterygoidei. Das Kiefergelenk wurde eröffnet, Jochbogen und Unterkiefer wurden aufgemeißelt. 1 = Proc. pterygoideus des Keilbeins, 2 = Discus articularis, 3 = Fovea pterygoidea mandibulae, 4 = Crista infratemporalis.
(aus ROHEN / LUTJEN – DRECOLL 2006: 104)

6. Zusammenfassung

Der Kauapparat des Menschen setzt sich also aus den Bereichen der Myologie, Arthrologie und Osteologie zusammen. Die einzelnen relevanten Bestandteile dieser Bereiche fügen sich als ein Ganzes zusammen. Somit ist es dem Menschen möglich, den Kauvorgang zu vollziehen. Die wichtigsten Elemente der Osteologie sind demnach der Oberkiefer *(Maxilla)*, der Unterkiefer *(Mandibula)* und die Zähne *(Dentes)*. Diese Knochen beziehungsweise die eine Sonderform von Knochen *(Dentes)* geben dem Menschen die Gesichtsform und die nötige Festigkeit, die beim Kauakt benötigt wird. Die Arthrologie stellt das Kiefergelenk *(Articulatio temporomandibularis)* und seine besondere Funktion dar. Durch den auf den Menschen angepassten Bau des Kiefergelenks hat dieser die Möglichkeit, verschiedenen Bewegungen mit dem Unterkiefer *(Mandibula)* zu vollziehen. Die Scharnierbewegung, die Schlittenbewegung und die Mahlbewegung eröffnen eine Vielfalt an Bewegungsmöglichkeiten und vor allem Bewegungsfreiheiten, welche viele andere Säuger nicht aufweisen. Diese Komplexität macht das Kiefergelenk so besonders. Die Myologie beschäftigt sich mit der Muskulatur, die beim Kauen von großer Wichtigkeit ist. Diese besteht beim Menschen aus vier relevanten Muskeln: Musculi masseter, temporalis, pterygoideus medial sowie lateral. Diese üben beim Kauen verschiedene Aufgaben aus und ermöglichen, im Zusammenspiel mit dem Kiefergelenk und der Kieferknochen, ein optimales Kauen.

Das Kiefergelenk, die Kieferknochen, die Kaumuskeln, die Zähne, der Zahnhalteapparat und alle dazugehörigen Nerven und Gefäße bilden zusammen den Kauapparat. Nur alle zusammen können „optimales" Kauen gewährleisten. Sie bilden zusammen also eine *„funktionelle Einheit"* (RAUBER / KOPSCH, 2003: 730), in der sich alle Bestandteile dieser Einheit gegenseitig beeinflussen. Wird nur ein Bereich dieser funktionalen Einheit gestört, hat dies Auswirkungen auf das ganze System und es kann nicht mehr einwandfrei arbeiten (RAUBER / KOPSCH, 2003: 743).

7. Literaturverzeichnis

Bücher

Faller, Adolf (2004): Der Körper des Menschen. Einführung in Bau und Funktion. Georg Thieme Verlag. Stuttgart / New York.

Ferner, Helmut / Staubesand, Jochen (Hrsg.) (1982): Sobotta. Atlas der Anatomie des Menschen 1. Kopf, Hals, Obere Extremitäten. Urban & Schwarzberg Verlag. München / Wien / Baltimore.

Rauber, Anton / Kopsch, Friedrich (2003): Anatomie des Menschen. Lehrbuch und Atlas. Band I. Bewegungsapparat. Georg Thieme Verlag. Stuttgart / New York.

Rohen, Johannes W. / Lütjen – Drecoll, Elke (2006): Funktionelle Anatomie des Menschen. Schattauer GmbH. Stuttgart.

Schwegler, Johann (2006): Der Mensch. Anatomie und Physiologie. Georg Thieme Verlag. Stuttgart / New York.

Internetquellen

http://www.uni-mainz.de/FB/Medizin/Anatomie/makro1/m002l.htm
(Bilder des Oberkiefers)

http://www.uni-mainz.de/FB/Medizin/Anatomie/makro1/ma011.htm
(Bildes des Unterkiefers)